故宫博物院宣传教育部 / 编

给孩子的故宫系列

哇！故宫的二十四节气 · 春

谷雨

中信出版集团 · 北京

哇！故宫的二十四节气·春·谷雨

编　　者：故宫博物院宣传教育部
策 划 人：闫宏斌　果美侠　孙超群
特约编辑：范雪纯
策划出品：御鉴文化（北京）有限公司
出版发行：中信出版集团股份有限公司
　　　　　（北京市朝阳区惠新东街甲 4 号富盛大厦 2 座　邮编 100029）
承 印 者：北京利丰雅高长城印刷有限公司

策 划 方：故宫博物院宣传教育部
出 品 方：御鉴文化（北京）有限公司

出　　品：中信儿童书店
策　　划：中信出版·知学园
策划编辑：鲍　芳　杜　雪　宋雪薇
装帧设计：魏　磊　谢佳静　周艳艳
绘画编辑：董　瑾　李丽娅　周艳艳
营销编辑：张　超　隋志萍　杜　芸

春雨惊春清谷天，
夏满芒夏暑相连，
秋处露秋寒霜降，
冬雪雪冬小大寒。

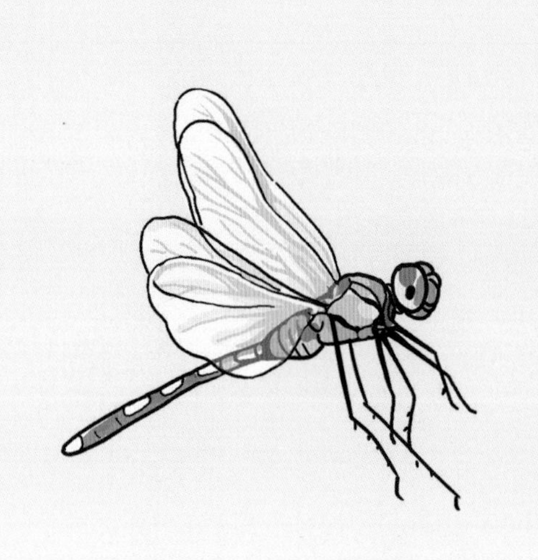

谷雨三候

初候　萍始生

二候　鸣鸠拂其羽

三候　戴胜降于桑

本书关于二十四节气、七十二物候的内容，主要参考了《逸周书·时训解》。它依立春至大寒二十四节气顺序阐释每个节气的天气变化和应出现的物候现象。

故事人物介绍

人物：骑凤仙人

特点： 老顽童，爱吃又爱玩。

形象来源： 故宫屋脊仙人——骑凤仙人，可骑凤飞行、逢凶化吉。

人物：龙爷爷

特点： 智慧老人，爱打瞌睡。

形象来源： 故宫屋脊小兽——龙，传说中的神奇动物，能呼风唤雨，寓意吉祥。

人物：凤娇娇

特点： 高贵冷艳的大姐姐，有个性。

形象来源： 故宫屋脊小兽——凤，即凤凰，传说中的百鸟之王，祥瑞的象征。

人物：狮威威

特点： 勇猛威严，爱逞强。

形象来源： 故宫屋脊小兽——狮子，传说中的兽王，威武的象征。

人物：海马游游

特点： 天真外向的机灵鬼，话多。

形象来源： 故宫屋脊小兽——海马，身有火焰，可于海中遨游，象征皇家威德可达海底。

人物：天马飞飞

特点： 精明聪敏，有些张扬。

形象来源： 故宫屋脊小兽——天马，有翅膀，可在天上飞行，象征皇家威德可通天庭。

人物：押鱼鱼

特点：乖巧爱美，胆小内向。

形象来源：故宫屋脊小兽——押鱼，传说中的海中异兽，身披鱼鳞，有鱼尾，可呼风唤雨、灭火防灾。

人物：狻大猊

特点：安静腼腆，呆头呆脑。

形象来源：故宫屋脊小兽——狻（suān）猊（ní），传说中能食虎豹的猛兽，形象类狮，也象征威武。

人物：獬小豸

特点：公正热心，为人直率。

形象来源：故宫屋脊小兽——獬（xiè）豸（zhì），传说中的独角猛兽，是皇帝正大光明、清平公正的象征。

人物：斗牛牛

特点：耿直果断，脾气大。

形象来源：故宫屋脊小兽——斗（dǒu）牛，传说中的一种龙，牛头兽态，身披龙鳞，是消灾免祸的吉祥物。

人物：猴小什

特点：多才多艺，脸皮厚。

形象来源：故宫屋脊小兽——行（háng）什（shí）。传说中长有猴面、生有双翅、手执金刚杵的神，可防雷火、消灾免祸。

人物：格格和小阿哥

特点：格格知书达理，求知欲强，争强好胜。

小阿哥生性好动，古灵精怪，想法如天马行空。

雨过天晴，大家相约在御花园的浮碧亭喝茶。

小阿哥问：“什么茶这么香？”

龙爷爷回答：“这是谷雨茶。”

小阿哥又问：“什么是谷雨？”

龙爷爷哈哈大笑，说：“现在就是谷雨时节，你们去观察一下吧！”
浮碧亭

海马游游从池塘里探出头说：“你们看！谷雨时，池塘里已经长出了片片浮萍。”

格格说：“你们看！谷雨时节，
柳树依依，柳絮纷飞。”

猴小什飞到了花园里，说：
“谷雨时节，牡丹花开。”

狮威威听到了布谷鸟的鸣叫，说：“谷雨时节，布谷鸟放声歌唱。”

斗牛牛一边追着蝴蝶跑，一边笑着说：“谷雨时节，蝴蝶翩翩起舞。”

大家回到了浮碧亭，向龙爷爷描述他们眼中的“谷雨”。

龙爷爷笑着说：“把你们看到的、听到的加起来就是‘谷雨’了。”

钦安殿

钦安殿位于御花园中心，始建于明代永乐年间，于嘉靖年间添建墙垣后自成格局，殿内供奉玄天上帝。钦安殿的雕石是故宫建筑雕刻艺术中的精品，是御花园中重要的景致。

浮碧亭

浮碧亭位于御花园的东北方向，与西北的澄瑞亭相呼应。这座亭子坐落在石桥上，石桥下有一个长方形水池，池壁雕有石蟠首出水，池中有许多锦鲤穿梭。亭子别致精美，顶端为绿琉璃瓦黄色剪边。亭内天花正中藻井为双龙戏珠八方藻井，周围是百花图案天花，屋檐下为苏式彩画，为御花园增色不少。

谷雨在每年的4月19日、20日或21日，是春季最后一个节气。谷雨的到来意味着寒潮天气基本结束了，气温回升加快，降水量增多，大大有利于农作物的生长，是播种移苗、种瓜点豆的最佳时节。因此，有“谷雨时节，雨生百谷”的说法。

二十四节气古诗词——谷雨

晚春田园杂兴（其九）

◎南宋 范成大

谷雨如丝复似尘，
煮瓶浮蜡正尝新。
牡丹破萼樱桃熟，
未许飞花减却春。

作者：范成大，字至能，号石湖居士。南宋名臣、文学家。

诗词大意：谷雨像丝线一样落在地上，飞溅起来又像是尘土，煮点新酒来喝，酒面有一层似蜡的泡沫；牡丹花刚刚开放，樱桃已经成熟，趁着这大好时光享受春天吧，别让落花带走这美好的春色。

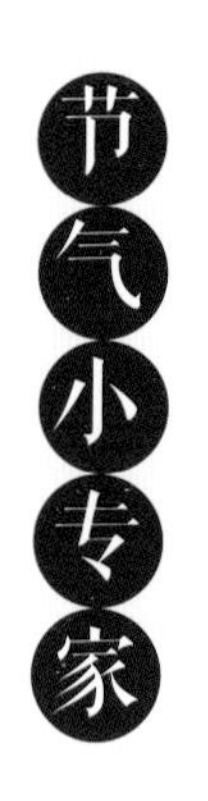

种瓜点豆

谷雨是春季最后一个节气，天气温暖，雨水增多，最适合播种移苗。农民伯伯将菜瓜、扁豆等种植在土壤中，还在刚播种的棉花地上铺上塑料膜，增加湿度温度，促进种子萌发。

食香椿

香椿是香椿树的嫩芽，被称为“树上蔬菜”。谷雨前后，香椿叶厚芽嫩，绿叶红边，味道浓郁，正是尝新的好时节。香椿含有丰富的维生素等，洗净后可做成饺子、香椿拌豆腐、香椿炒鸡蛋等，味道很好，营养丰富。

喝谷雨茶

谷雨茶是谷雨时节采制的春茶。谷雨时节温度适中，雨量较为充沛，所以茶树的芽片肥硕，色泽翠绿，叶质柔软，且富含多种营养。谷雨茶喝起来滋味鲜活，清火明目，香气宜人。

节气物候说

谷雨三候

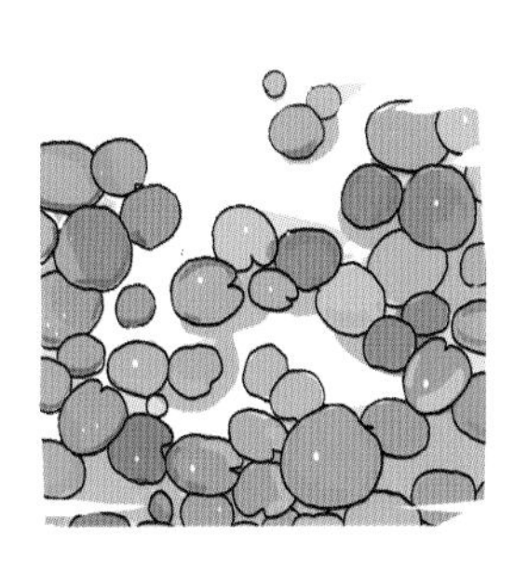

初候　萍始生

降雨量增多，浮萍开始生长。

二候　鸣鸠拂其羽

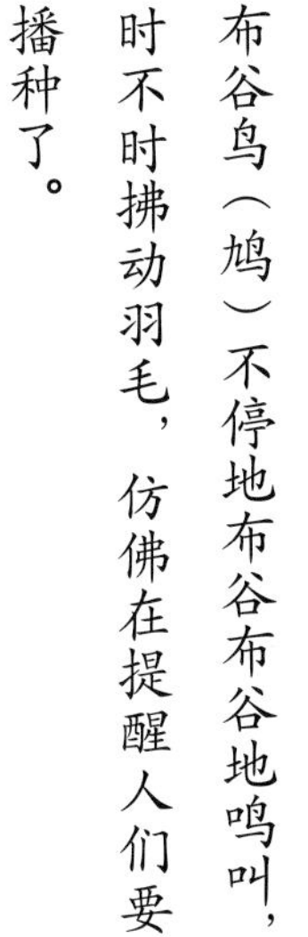

布谷鸟（鸠）不停地布谷布谷地鸣叫，时不时拂动羽毛，仿佛在提醒人们要播种了。

三候　戴胜降于桑

戴胜鸟开始出现在桑树上。

慈宁花园 · 4 月

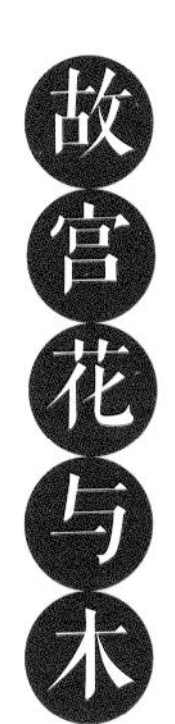

牡丹

AR重现恢宏古建

扫描二维码下载 App

⇩

打开 App

⇩

点击“AR 故宫”

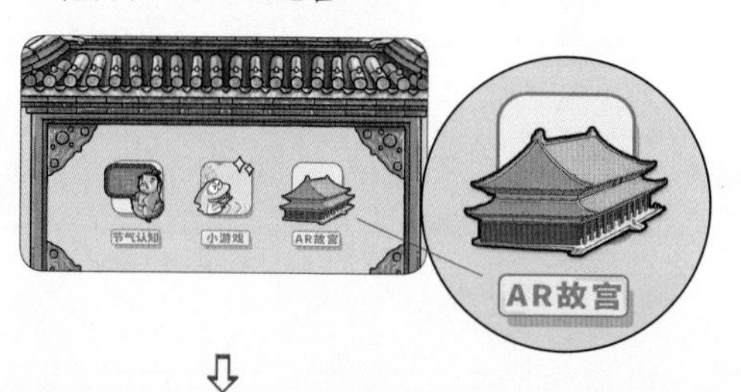

⇩

扫描下方建筑 —— 钦安殿